[澳] 梅甘·赫斯 著　　邹虹 译

去法国看秀

爱马仕·香奈儿·路易威登·迪奥·圣罗兰
纪梵希·赛琳·蔻依·巴尔曼·浪凡

青岛出版集团 | 青岛出版社

山东省版权局著作权合同登记号　图字：15-2021-340

图书在版编目（CIP）数据

去法国看秀 / (澳) 梅甘·赫斯著；邹虹译. — 青岛 : 青岛出版社, 2022.1
　　ISBN 978-7-5552-9081-0

　　Ⅰ . ①去… 　Ⅱ . ①梅… ②邹… 　Ⅲ . ①时装 – 服装设计 　Ⅳ . ①TS941.2

中国版本图书馆CIP数据核字(2021)第273770号

QU FAGUO KAN XIU

书　　　名	**去法国看秀**
著　　　者	［澳］梅甘·赫斯
译　　　者	邹　虹
出版发行	青岛出版社
社　　　址	青岛市崂山区海尔路182号（266061）
本社网址	http://www.qdpub.com
邮购电话	0532– 68068091
策划编辑	周鸿媛　王　宁
责任编辑	刘百玉
封面设计	毕晓郁
制　　　版	青岛乐道视觉创意设计有限公司
印　　　刷	青岛名扬数码印刷有限责任公司
出版日期	2022年1月第1版　2022年1月第1次印刷
开　　　本	32开（889毫米×1194毫米）
印　　　张	6.5
字　　　数	98千
书　　　号	ISBN 978-7-5552-9081-0
定　　　价	128.00元

编校印装质量、盗版监督服务电话 4006532017　0532–68068050
建议陈列类别：时尚　艺术

致

克雷格

（Craig）

每当我想起巴黎，便想起了你。

前　言

　　法国时尚注重细节。它精致、低调而又庄重——只需看看香奈儿（Chanel）的经典套装以及它在法国生产的针织羊毛粗花呢服饰，便可感受到这一点。如果你有机会近距离接触爱马仕（Hermès）的柏金包（Birkin bag），不妨用手指轻拂包包柔软的皮革，你一定会对法国时尚的细节有更深的感触。法国时尚大师们从不以烦琐取胜，相反，他们的设计总是简单却极尽优雅。

　　我是一名时尚插画师，一直以来，法国高级定制时装深深地吸引着我。实际上，早在我开启职业生涯之前，我就手绘过很多香奈儿、迪奥（Dior）和圣罗兰（Saint Laurent）的著名时装图片。

　　第一次接触法国时尚的时候，我还是个小女孩，我在电影《蒂凡尼的早餐》（*Breakfast at Tiffany's*）里看到了奥黛丽·赫本（Audrey Hepburn）饰演的霍莉·戈莱特利（Holly Golightly），便深深地被这个清秀俏丽而又生动自然的女孩迷住了。后来，我反复观看这部影片，也因此熟悉了戈莱特利那简单却迷人的衣橱。她穿着法国高级时尚品牌纪梵希（Givenchy）的小黑裙，戴着珍珠项链的样子深深地打动了我，我还会在速写本上画出自己穿着这身行头的样子。

那个时候，小小的我还未想过到底是谁设计了这么漂亮的衣服。现在，了解这些经典之作到底出自哪位大师之手已经成了我的工作。我遇到过法国设计师于贝尔·德·纪梵希（Hubert de Givenchy），也是在那一刻，我真正地爱上了法国时尚。

　　这本书中主要介绍的十位设计师对我产生了莫大的影响，他们造就了我的时尚品位。我还挑选了一些自己喜欢的时装款式速写，都是2000年后的高级定制或高级成衣款式，与你分享。设计出这些时装的时尚大师们至今仍深受人们的喜爱，这些时装也是他们的人生故事中的一抹亮色。我喜欢法国时尚的原因之一就是它缓慢而专注，我们可以看到，很多法国设计师的风格自始至终都没有变过。或许，我们也需要提醒自己，世界虽匆忙，美丽不可匆忙。

　　百年之前，爱马仕便开始售卖马术皮革配饰，现在，爱马仕的核心业务依然与皮革有关，世界上最知名的包包之一——柏金包就出自爱马仕。20世纪40年代，迪奥首次推出束腰圆裙的新造型，直至今日，这一造型仍活跃在各大秀场上。同样流行至今的还有蔻依（Chloé）的神秘异域风造型，它第一次亮相还是在1956年的花神咖啡馆。清早，它的出现便惊艳了大家的早餐时光。

当然，法国时尚也是与时俱进的，这些传统品牌在新一波设计师的手下也焕发出了新的活力。卡尔·拉格斐（Karl Lagerfeld）从1983年开始担任香奈儿的总设计师，直至2019年去世。1997年，马克·雅可布（Marc Jacobs）将时尚服饰引入路易威登（Louis Vuitton），为路易威登开启了新的征程。菲比·菲洛（Phoebe Philo）执掌赛琳（Celine）十多年，将现代法国女性的时尚带上了新的高度。

新与旧的融合使法国时尚永受青睐，在这种融合中，我们看到经典设计在过去的几十年甚至上百年中不断完善。法国时尚有一点令人非常崇尚，那就是几乎每个品牌都有自己的标志性产品。

法国时尚也引领了一场革命，它改变了世人穿衣着装的方式，也改变了时尚与人互动的方式。高级成衣首先出现在法国时尚圈，蔻依的创始人加比·阿吉翁（Gaby Aghion）坚信时尚应走向大众，她推出的高级成衣系列让高级时装不再遥不可及。法国时尚也教会我们以牺牲舒适性为代价的设计不叫时尚。可可·香奈儿（Coco Chanel）率先摒弃了时代的束缚，不要束身胸衣，而是用毛线织物和粗花呢设计出自由、宽松的服饰。1952年，于贝尔·德·纪梵希推出了第一个时装系列，在那个女性衣橱以连衣裙为主的时代里，为女性提供了选择的机会，让女性可以根据舒适度、个人品位和风格喜好来挑选自己想穿的衣服。

法国时尚是可穿戴的艺术品，而巴黎就是激发时尚灵感的画布。多年来，因为工作的缘故，我有幸多次造访巴黎。这个时尚之都的一切都让我倾心不已。很少有城市能够让人无论做什么都觉得如此享受，而巴黎就是这样一座城市，平凡的事情在这里也变得极不平凡。包裹新鲜出炉的法棍面包的漂亮纸张，街角小店的马卡龙包装盒上系着的丝带……哪怕最简单的事情，也拥有最极致的优雅。

在巴黎时装周期间，我时常想起法国的设计师们对时尚界的巨大贡献，但让我心生此念的，并不是T台上的女模特，而是T台下坐着的女观众。不管是观看时尚秀，还是繁忙的工作日通勤，抑或是去市场买菜，法国女性总是打扮得一丝不苟。她们从小接触法国时装，耳濡目染，时尚便不过是顺手拈来之事。

时尚应当让人赏心悦目，而不应让人忧心烦恼。法国设计师们告诉了我们什么是真正的时尚——为自己成长，为自己梳妆。这个道理很简单，却是法国时尚如此完美的根本所在。

简约是所有优雅的真正基调。

——可可·香奈儿
（Coco Chanel）

目 录

01

香奈儿

CHANEL

毫无疑问，我喜欢可可·香奈儿（Coco Chanel）——我还特地写了一本书，讲述了她在巴黎的多彩生活。她的设计颇富变革性，彻底改变了女性的着装方式，而她从一无所有到富甲一方的传奇故事也告诉世人，只要努力，一切皆有可能。

面对生活，可可·香奈儿有着百折不挠的坚韧和一往无前的决心，这一切，都源自她艰辛的童年生活。她的原名叫加布丽埃勒·博纳尔·香奈儿（Gabrielle Bonheur Chanel），于1883年出生于法国小镇索米尔。香奈儿童年历经磨难，父母为了养家糊口疲于奔命，1895年，母亲撒手人寰，家中境况雪上加霜。鳏居的父亲做出了一个让人心碎的决定，离开了12岁的香奈儿和他的另外几个孩子。自此，香奈儿入读了一家修女院寄宿学校。

父亲的这个决定却成了香奈儿一生中最"幸运"的事情。在这段时间里，修女们教会了她缝纫。复杂而精致的手工缝纫点燃了香奈儿对时尚的兴趣，给了她自足自立的信心，也为她后来建立香奈儿帝国赋予了灵感。

毕业后，香奈儿找到了一份裁缝的工

衣着破破烂烂，人们会记住你的衣服，衣着光鲜亮丽，人们会记住魅力四射的你。

——可可·香奈儿
（Coco Chanel）

4

作，晚上，她还在咖啡馆当歌手。也正是在当歌手这段时间，她开始使用"可可"这个艺名，抛却了作为加布丽埃勒的艰辛过往。新的名字，新的生活，新的开始。她长袖善舞，在这流光溢彩的社交场所里如鱼得水，结交了一众社会名流。然而，在意识到自己的嗓音不足以支持自己成为专业歌手后，她便决定坚持做好自己最擅长的工作——缝纫。

1910年，香奈儿在巴黎开了一家女帽精品店，顾客多是她在咖啡馆结交的贵妇阔太，生意兴隆。之后，香奈儿在当时的情人阿瑟·博伊·卡佩尔（Arthur Boy Capel）的资助下开设了服装店。1919年，卡佩尔在奔赴约会的途中发生车祸丧生，香奈儿伤心欲绝，疯狂投入工作。

在香奈儿早期的设计作品中有一件针织连衣裙，这件连衣裙的设计思路源自实际需求——香奈儿去了一趟诺曼底的多维尔，在那里，她在严寒中冷得瑟瑟发抖，急需一件保暖的衣物。针织连衣裙的设计简单别致，采用了传统用于内衣的面料。这种面料富有弹性，人穿上后可以自如舒展。这款连衣裙挑战了传统的约束女性的时装样式，极具突破性。从此以后，香奈儿的客户开始要求她设计类似的自由造型的服饰。针织连衣裙的大流行促使香奈儿转型，她放弃了女帽，转向女装，而事实证明，这一决定明智至极。

到20世纪20年代，香奈儿的身价已达数百万美元，旗下员工近2000名。谈到自己的财富时，她有一句名言："我在寒冷的多维尔穿过的那件旧连衣裙，是我全部财富的基础。"

在接下来的十年里，香奈儿形成了固定的设计风格，香奈儿品牌也将这种风格沿袭至今。香奈儿的设计成就了一种新的高级时装风格——一种让女性拥抱独立，取悦自我的穿衣风格。香奈儿品牌的时装造型漂亮优雅又考究精巧，简单大方又重注细节，穿着舒适又古典雅致。

在奢华之风盛行的年代，香奈儿让直线条走到了时尚最前沿。她也让黑色这种当时通常只在葬礼上才穿的颜色变成了时尚衣橱里的主打颜色，并在短时间内成为时尚宠儿，风靡一时。受法国海岸之旅的启发，她设计了一件海魂衫，休闲却尽显优雅。她借鉴传统男装的风格，打造出了香奈儿女性套装，即无领粗花呢外套搭配铅笔裙，这一经典的标志性造型赋予了女性无尽的力量。2017年秋冬高级定制系列中，就有使用了粗花呢设计的时装，演绎了非凡的时装艺术。她还设计出了在时尚界最受欢迎的单品——小黑裙。小黑裙自20世纪20年代问世以来便从未离开过T台。香奈儿鼓励女性大胆使用珠宝，尤其是大量使用珍珠，为自己的着装添光加彩。

从加布丽埃勒·博纳尔·香奈儿到可可·香奈儿，她走过了漫长的道路。第二次世界大战期间，香奈儿被爆出一系列丑闻，事业几乎毁于一旦。1939年，香奈儿宣布"停止一切"，并在德国占领巴黎期间，与一位德国军官开启了一段恋情。战争结束时，她已声名狼藉，远走他乡。

1954年，在销声匿迹十几年后，香奈儿回归巴黎，也回归了时尚界。年届古稀的她又重新开设工作室，出品了更多惊世之作，包括喇叭裤、流苏开襟羊毛衫以及双色高跟鞋等。此后，她一直工作不辍，直至1971年去世，享年88岁。

在香奈儿去世数年后的1978年，香奈儿品牌首次推出了成衣时装，开启了新的时代。

成就香奈儿这个品牌的，除了香奈儿本人，还有韦特海默（Wertheimer）家族。皮埃尔·韦特海默（Pierre Wertheimer）于20世纪20年代与可可·香奈儿结缘，帮助香奈儿品牌扩张，并最终买下这个品牌。香奈儿去世后，阿兰·韦特海默（Alain Wertheimer）开始寻找新的设计师，为品牌注入活力。他把目光投向了德国设计师卡尔·拉格斐（Karl Lagerfeld）。1983年，韦特海默说服拉格斐离开老东家，加入香奈儿，成为香奈儿品牌的总设计师。

　　尽管拉格斐从未与可可·香奈儿谋面，但得益于他的非凡能力，香奈儿品牌的精神得以传承，新的作品既尊重了原有设计理念，又带入了新鲜气息。兼顾传承与创新是拉格斐的强项。在2015年早秋时装秀中，我喜欢的几款拉格斐设计的造型都借鉴了香奈儿品牌的传统理念，尤其是那套著名的香奈儿套装。那带有人造革装饰的黑白色套装让我格外倾心。

　　当卡尔·拉格斐与世长辞这一令人悲痛的消息传来时，我非常震惊。不知为何，我总觉得他永远都不可能离我而去，或许是因为他在我心中早已幻化成神一般的存在了吧。那天，我在社交平台贴出了自己最喜欢的一张图片——卡尔·拉格斐坐在带有香奈儿标识的热气球中，翱翔在巴黎的城市上空。我愿意将卡尔的去世想象成他是去跟可可·香奈儿汇合了，他们都穿着香奈儿的花呢时装，一起微笑着颔首看向我们的世界。

尽管香奈儿是黑色的"同义词"，但我买的第一个香奈儿手袋却是粉色的。我是一名时尚插画师，从业以来，每完成一项工作，我都会存下一点儿钱，心心念念地惦记着那款经典的菱格纹包包。买下这个包包成了我刚开始工作时的动力。一年后，我终于存够了钱，终于可以走进香奈儿精品店，无比自豪地买下它。

可可·香奈儿总是能够将舒适与个性融为一体，她的这一能力永远代表着女性时尚。她本身也已与时尚史融为一体，很难想象没有她的时尚史会是什么样的。而她创建的香奈儿品牌也将继续担负着引领女性时尚的责任，以简约优雅影响着一代又一代人。

时尚就是能够以最直观的方式反映当下生活和时代的东西。

——卡尔·拉格斐
（Karl Lagerfeld）

CHANEL

CHANEL

CHANEL

CHANEL

17

CHANEL

02

迪奥

Dior

克里斯汀·迪奥（Christian Dior）非常迷信，每次参加时装走秀前，他都会拜访塔罗牌占卜师，会在即将参展的服装上别一朵他最喜欢的铃兰花，还会给每个参展的外套起一个来自家乡的名字。他小心翼翼、面面俱到，只求作品能够成功展出。但在我看来，他能成功，并不是因为有好运护身，而是实力使然。

　　在早年的多次创业过程中，迪奥的创造力已经有所展现，历经多年辗转，他最终在时尚界找到了自己的位置。迪奥于1905年出生于诺曼底海岸边，他家境优越，是家中五个孩子之一。1910年，迪奥一家搬到巴黎，搬到这座他一来就迫不及待地想在这里生根发芽的城市。虽然迪奥的父母期望他成为一名外交官，但他们很快就意识到，迪奥的天赋不在外交，他将在艺术世界大有可为。

　　在父亲的资助下，迪奥开了一家画廊，赚得盆满钵满。他还跟巴勃罗·毕加索（Pablo Picasso）成了朋友，并售卖毕加索的画作。一切都顺风顺水，直到经济大萧条来袭，迪奥无忧无虑的金色青年时代宣告结

优雅须集个性、自然、温暖与简约为一体。

——克里斯汀·迪奥（Christian Dior）

24

束。父亲破产，画廊失去经济来源，母亲去世……一系列变故迫使迪奥关闭了曾经盛极一时的画廊，这也成了他职业生涯中的一个重大转折。

无奈之下，迪奥只能另谋生路，他开始以画时装设计图为生。这份不起眼的工作让迪奥的才华尽显。1937年，他成了皮涅（Piguet）公司的设计师，可不幸的是，不久，第二次世界大战爆发了，迪奥离开了巴黎。

战争之后，迪奥回到巴黎，已到不惑之年的迪奥在吕西安·勒隆（Lucien Lelong）的公司工作，公司里有一位同事，名叫皮埃尔·巴尔曼（Pierre Balmain）。当时，巴尔曼建议迪奥一起创业，迪奥谢绝了他的好意，大概他已经意识到自己的人生即将迎来转机吧。日后，两人在时尚界的发展各有千秋。

在认识了马塞尔·布萨克（Marcel Boussac）后，迪奥的人生转机终于到来了！布萨克拥有多处厂房，是当时纺织业的巨头。在交流过程中，布萨克被迪奥的才华与经历打动，提议把空置的厂房给迪奥使用，这样迪奥就可以创办自己的时尚品牌了。与本书中提到的其他几位少年得志的设计师不同，迪奥大器晚成，在1947年才拥有自己的品牌。他有披荆斩棘、另起灶炉的勇气，他赌自己能赢！

1947年，迪奥推出了他的首个设计系列，震撼了时尚界。《时尚芭莎》（*Harper's Bazaar*）将他的设计称为"新造型"（New Look），这一说法轰动一时，影响力经久不消。直至今日，克里斯汀·迪奥仍被视为"新造型"的创始人。

迪奥是第二次世界大战后出现的时尚先驱，他打造了一种盛大奢华的服饰风格。他不仅在设计上一反香奈儿的简单直线条，在面料的选择上也打破了那个时期的种种限制。迪奥的"新造型"以剪裁考究的束腰礼服和长裙为主，有的礼服需要使用好几米长的厚纱。酒吧夹克与A字圆裙的搭配也帮助那个时代的女性重拾女性高贵的气质。这个造型（酒吧夹克与A字圆裙）也是我最喜欢的迪奥造型之一。迪奥在战争之后重新点燃了法国高级定制时装的火花，他为女性的衣

02

迪奥

Dior

Dior

31

Dior

2017年
春夏
高级成衣

Dior

03

圣罗兰

SAINT LAURENT

SAINT LAURENT
PARIS

04

浪 凡

LANVIN

身为职业女性，又养育了优秀的子女，生活事业两不误，让娜·浪凡（Jeanne Lanvin）堪称励志典范。每次想起她，我都备受鼓舞。作为19世纪至20世纪最成功的女装设计师和企业家之一，浪凡的创作动力源于她对女儿玛格丽特（Marguerite）满满的母爱。在浪凡品牌创立一百多年后的今天，浪凡母女的亲密关系依然是该品牌的主打情感线。

让娜·浪凡是一位具有开创意识和独立精神的女商人。现在，我们身边这样的女性并不少见，但我们要知道，她主要生活在20世纪早期，彼时，创业女性实为凤毛麟角。那时候的女性基本都是家庭主妇，浪凡独辟蹊径，走出了一条不寻常的道路。

浪凡家中兄弟姐妹11人，她是老大。小时候，为了节省车费，她总是一路追着巴士跑着上学，因而获得绰号"小巴士"。浪凡心灵手巧，做裁缝工作十分有天赋，十几岁的时候便去当了裁缝学徒。几年后，她用省下来的薪水和车费约40法郎，又借了300法

> 现代服饰需要加一点儿浪漫的味道。
>
> ——让娜·浪凡（Jeanne Lanvin）

郎贷款，在巴黎开了一家女帽精品店。很幸运，精品店生意很好，深受上流社会人士的欢迎。

1897年，女儿玛格丽特出生后，浪凡开始为她制作衣服。她设计的童装剪裁得非常漂亮，很多顾客看到后都希望她也能给自家孩子做上几套。很快，浪凡的高级童装销量就超过了帽子的销量，于是，她决定设计母女亲子装。

作为一名深谙经营之道的女商人，浪凡深知品牌的力量，她决定用母女亲子形象作为品牌标识。我每次看到这个标识都会想起自己的女儿。这个标识的灵感来自一张照片，当时，浪凡与女儿穿着母女亲子装一起参加一个派对。这张照片还是由保罗·艾里布（Paul Iribe）拍摄的，而保罗正是可可·香奈儿（Coco Chanel）的恋人。法国时尚圈就是这样，每个人跟另一个人似乎都有点儿什么联系。

浪凡生性好奇、热爱旅行，这种性格在很大程度上影响了她的设计风格。在她周游世界的过程中，她会写下旅行日记，会收集衣物样品、刺绣、珠子等一切能带回家的东西，用来建立自己的素材库。

浪凡的服饰优雅柔美，尽显女性魅力。受18世纪优雅服饰风格的影响，浪凡的礼服一般是无袖、宽松的，腰线较高。身着浪凡礼服的女性看起来体态优美，仙气飘飘。直线型、流线型的设计灵感来自浪凡的埃及之旅以及她对古罗马和古希腊服饰的迷恋。20世纪20年代，她所设计的长袍服饰成为时代的剪影，与当时流行的摩登女郎风格形成了鲜明对比。她会用旅途中收集到的珠饰、刺绣和丝带装饰自己设计的服装，也会给衣物装饰上富有浪漫气息的荷叶边，这种设计直至今日仍会出现在品牌的时装系列中。2013年秋冬高级成衣系列中就有由荷叶边装饰而成的裙子和上衣，特点显著，十分吸睛。

备受异域风情影响的浪凡广泛尝试不同的设计方法，她甚至还投资了染料工厂，这样就可以生产出具有独特色彩的服饰面料了。其中，最有名的颜色就是受文艺复兴时

LANVIN
PARIS

LANVIN
PARIS

73

LANVIN
PARIS

LANVIN
PARIS

LANVIN
PARIS

05

纪梵希

GIVENCHY

纪梵希的品牌精髓藏在一位设计师及其"女神"的故事里。这位设计师就是著名的时尚品牌创始人，于贝尔·德·纪梵希（Hubert de Givenchy）。他的"女神"，便是女星奥黛丽·赫本（Audrey Hepburn）。1953年，两人有幸在法国相遇，缔造了一段传奇历史。两人的友谊持续了数十年，而这段友谊也给了纪梵希灵感，极大地影响了其作品的外观及风格。

　　1927年，纪梵希出生于法国北部博韦的一个富有家庭。在他不满三岁时，不幸降临，父亲意外身故，小纪梵希就由母亲和外祖父母共同抚养长大。纪梵希的外祖父热爱旅行，会在国外旅行期间收集一些具有异域风情的纺织品及其他珍奇物品。外祖父发现，小纪梵希对他的这些收藏品非常着迷，便答应他如果在学校表现好，就允许他玩这些藏品。小纪梵希就这样成了优等生。

　　纪梵希对时尚和设计日益浓厚的兴趣跟母亲和外祖母的培养也有很大的关系。孩提时，他就对西班牙设计师克里斯托瓦尔·巴黎世家（Cristóbal Balenciaga）的作品如痴如

奢华在于每一处细节。

——于贝尔·德·纪梵希
（Hubert de Givenchy）

醉。于是，纪梵希带着自己画的插图离开了家，想亲自把作品交给自己的偶像看一看。当然，他没走多远就被母亲找到并带回了家，但这件事情至少让我们看到了他在小小年纪就对时尚展现出来的兴趣，以及对喜爱之事的果敢坚定。

17岁时，纪梵希再次走出家门，这一次他取得了家人的同意，不是私自离家。他进入巴黎艺术学院学习，开启了自己的艺术成长之旅。他还在法国时装设计大师雅克·法特（Jacques Fath）的工作室实习，之后便辗转于当时著名的女装设计大师之间，他们是罗贝尔·皮盖（Robert Piquet）、吕西安·勒隆（Lucien Lelong）、埃尔莎·夏帕瑞丽（Elsa Schiaparelli）等。纪梵希迅速积累经验，在巴黎声名鹊起，成了一位炙手可热的设计师。

1952年，纪梵希创立了自己的同名品牌，名气很快比肩数位导师。实际上，他是一举成名的。他设计的第一个T台造型是一件白色花边袖女士衬衫，并请意大利女演员贝蒂娜·格拉齐亚尼（Bettina Graziani）担任模特。贝蒂娜一亮相便引发了轰动，这件衬衫也成了纪梵希的代表作之一。这件很快就以"贝蒂娜衬衫"之名蜚声的衬衫是纪梵希品牌的百搭单品之一，可以混合搭配其他上装和下装。现在，我们很难想象没有单品服饰的时尚世界是什么样的，但在当时，单品是一个变革性的存在，它让女性有了更多穿衣选择，让她们可以由自选择适合自己的衣服进行搭配，并且兼顾舒适性和个性。纪梵希灵活搭配的设计理念俘获了众多女性的心，他的品牌也成了每个时尚爱好者衣柜里的主要品牌之一。

就在纪梵希成立个人品牌的第一年，他就开始为好莱坞明星设计服饰。彼时，即将出演《龙凤配》（Sabrina）的奥黛丽·赫本就是众多名星之一。据说，纪梵希原本以为来人会是凯瑟琳·赫本（Katharine Hepburn），却不曾想，他见到了身穿七分裤，头戴威尼斯船夫宽边帽的另外一位赫本。纪梵希就这样迎来了他的"女神"。

在接下来的40年里，纪梵希与赫本一直保持着合作关系，直至1993年赫本去世。他为赫本量身设计了多个系列的服饰，还设计了很多时尚且别致的单品，如七分裤搭配超大号白色男士衬衫。这些服饰受到了像赫本一样的女性或者渴望像赫本一样的女性的喜爱，他还为赫本的电影《甜姐儿》（*Funny Face*）、《巴黎假期》（*Paris When It Sizzles*）以及著名的《蒂凡尼的早餐》（*Breakfast at Tiffany's*）设计了服装。在《蒂凡尼的早餐》中，霍莉·戈莱特利（Holly Golightly）的黑色长裙、珍珠项链和缎面手套曾引发轰动。奥黛丽·赫本也是纪梵希品牌"禁忌"（L'Interdit）香水的代言人。

20世纪50年代到60年代，纪梵希推崇青年文化。期间，他推出了至今依然流行的衬衫裙。而他儿时想要见到偶像——西班牙设计师克里斯托瓦尔·巴黎世家，也终于出现在他的面前。更让人高兴的是，巴黎世家与纪梵希一见如故，后来他们私交甚笃。巴黎世家还给了纪梵希很多指导，衬衫裙后来演绎成布袋装正是纪梵希与巴黎世家合作的成果。巴黎世家建筑风、直线条、结构化的设计对纪梵希的影响很大，可以说是融入了纪梵希的设计基因之中。

纪梵希一直工作到1995年才退休。他打造了一个"时尚帝国"，用时装为几代渴望精致简约的女性发声，并为纪梵希品牌的发展铺平了道路。他的继任者约翰·加利亚诺（John Galliano）、亚历山大·麦昆（Alexander McQueen）、朱利安·麦克唐纳德（Julien Macdonald）、里卡尔多·蒂希（Riccardo Tisci）以及克莱尔·韦特·凯勒（Clare Waight Keller），都以成熟优雅的设计带领着品牌继续笃定前行。

蒂希让品牌再一次产生了极大的影响力，他的高级定制时装尤为有名，他也以擅长设计大型礼服而著称。简单的黑色或白色礼服，搭配繁杂的装饰，就会产生耀目的效果。2010年及2011年的高级定制系列中，大量珠子、羽毛装饰的使用便是最好的例证。这些"现代童话"造型为蒂希吸引到一众明星粉丝，让纪梵希成了女明星们着装的主旋律，大家都希望在红毯上以纪梵希的造型一鸣惊人。

韦特·凯勒自2017年开始执掌纪梵希，她风格就是既能符合当下的潮流，又能始终忠于自己。

——于贝尔·德·纪梵希
（Hubert de Givenchy）

为梅根·马克尔（Meghan Markle）与哈里王子（Prince Harry）的婚礼设计的婚纱成了纪梵希品牌的又一传奇。我对皇室婚礼极为热衷。当梅根·马克尔身着纪梵希婚纱走上婚礼现场的红毯时，惊为天人，我必须要将这一刻记录下来。我在我的社交账号上分享了新王妃穿着婚纱的照片，顷刻间便被分享转发了无数次，这张照片也是我在社交媒体上被转发次数最多的作品。

真正的灵感能够激发最伟大的作品，纪梵希与奥黛丽·赫本的相逢便有如此效果。40年历久弥坚的友谊让纪梵希能够带着深情创作——他所有的设计，都是怀着为伊人之心而作。几年前，当我有幸为纪梵希的"倾城之魅"（Live Irrésistible）香水制作现代女性形象插画时，我也一直将纪梵希的深情谨记在心。每一位女性都自成传奇，而纪梵希，让她们能够用时尚讲述自己的故事。

GIVENCHY
PARIS

GIVENCHY
PARIS

GIVENCHY
PARIS

GIVENCHY
PARIS

GIVENCHY
PARIS

99

06

蔻依

Chloé

如果你想找到一个真正懂得女性的高级定制品牌，那就非蔻依莫属了。自1952年加比·阿吉翁（Gaby Aghion）创立品牌以来，蔻依是一个几乎全部由女性设计师掌舵的时尚品牌。

阿吉翁是个有故事的人，也是蔻依的灵魂内核。颇有闯劲的她并非从小生长于法国，一切还要从她的童年说起。她的原名叫加布里埃拉·阿诺卡（Gabrielle Hanoka），于1921年在埃及的亚历山大城出生，父亲经营着一家烟草工厂，家境丰厚。她接受了法式教育，自小就开始接触法式优雅理念。她的母亲非常迷恋法国时尚，在法国杂志上看到服装图片后，经常会找埃及的裁缝依样定制。通过母亲，阿吉翁接触到了时装行业。

对阿吉翁来说，许多人梦寐以求的巴黎是触手可及的。第二次世界大战刚结束，她便和青梅竹马的丈夫雷蒙·阿吉翁（Raymond Aghion）移居巴黎。很快，夫妻俩便沉浸在巴黎的人文艺术和咖啡馆社交圈里了，还结交了画家巴勃罗·毕加索（Pablo Picasso）和作

我想赋予蔻依的品牌精神便是快乐灵魂，愉悦身心。

——加比·阿吉翁（Gaby Aghion）

家劳伦斯·达雷尔（Lawrence Durrell）等一众社会名流。位于左岸中心地带的花神咖啡馆（Café de Flore）是当时日渐兴盛的文化创意中心，也是阿吉翁常常光顾的场所，她在这里接触到了很多新思想。来到这个新的世界，阿吉翁很想为自己做点儿什么，她不想再靠丈夫养着，她迫切渴望经济独立。

她在服装行业看到了机会，她想为精神独立的女性设计服装，这无关年龄，所有不肯满足于现状的女性都将是她的客户。1952年，她创办了一家时装公司，不久，雅克·勒努瓦（Jacques Lenoir）加入公司，成为她的合作伙伴。她的很多朋友都觉得这不过是她一时兴起，公司维持不了多久。然而，雄心壮志的阿吉翁干劲十足，她用行动证明，大家都想错了。

同时代的时尚品牌一般都会以创始人的名字命名，但阿吉翁没有这样做。她的家人不理解，有着如此优厚家境的阿吉翁为什么非要工作。他们甚至觉得，如果阿吉翁用了自家姓氏，创业失败后肯定会让整个家族蒙羞。于是，阿吉翁便借用了朋友蔻依·于斯曼斯（Chloé Huysmans）的名字，她认为这个名字能体现她想要的品牌气质。

1956年，阿吉翁在花神咖啡馆举办了蔻依的首个时装发布会。今天的设计师们总是在寻找新的方式发布自己的时装系列，在车库、游泳池、咖啡馆举办时装秀也不是什么新鲜事。但在那个年代，时装发布会大都是在个人工作室里进行，像这样一边吃着牛角面包，一边欣赏时装表演简直是闻所未闻之事。这种大胆的方式正是蔻依式酷女孩的核心所在。

阿吉翁发布的首个系列包括几件府绸（由棉、涤、毛等混纺而成的织物）连衣裙。她先设计好样式，然后去选购了面料，最后又请高级女装裁缝把它们做了出来。这几件连衣裙的设计灵感来自她在埃及见过的高级运动休闲女装，彼时，这种样式还未漂洋过海来到法国。裙子柔和的色彩凸显了女性气质，又兼具网球场上的运动气息和鸡尾酒吧里的浪漫气息，很快，它们便风靡阿吉翁的波希米亚风小圈子了。

阿吉翁的另类时装设计与当时占据主流时尚文化的迪奥的"新造型"（New Look）形成了鲜明对比。昂然自若的设计风格和优雅的裸背装都让蔻依特立独行，阿吉翁开创了商务休闲装的先河。

阿吉翁在商业决策方面也极有新意，蔻依是最早推出成衣时装的几个品牌之一。成衣免去了高级定制时装的等待时间。阿吉翁认为，时尚应当面向大众，应当触手可及，而让顾客可以立即买到现成的衣服，就是实现这一目标的一种方式。她是第一个拎着手提箱走上街头，向精品店推销自己服装的人。当时，在销售成衣时，精品店一般会使用自己的品牌标签，而阿吉翁在每件衣服上都留下了蔻依的品牌标签。无论是服装风格，还是消费方式，蔻依都颠覆了传统。

鉴于阿吉翁做过如此之多的果敢决策，她选择在事业巅峰之时退出设计、让位新人也就不足为奇了。她聘用了包括热拉尔·皮帕（Gérard Pipart）、马克西姆·德·拉法莱兹（Maxime de la Falaise）等一众优秀设计师，但她最有名的举动，应该是发掘了卡尔·拉格斐（Karl Lagerfeld）。卡尔断断续续地在蔻依工作了近30年，奠定了蔻依在波希米亚时尚圈中的不二地位。蔻依也以成就了众多优秀设计师而闻名，成了业内公认的设计师事业的起飞台。

20世纪90年代后，除却保罗·梅林·安德森（Paulo Melim Andersson）担任创意总监的一小段时间，蔻依的掌门人一直都由女性担任。1997年，年仅25岁、从中央圣马丁艺术与设计学院毕业的斯特拉·麦卡特尼（Stella McCartney）加入蔻依，给品牌注入了摇滚风。随后接任的是菲比·菲洛（Phoebe Philo），经典的"IT包"正是出自她的手笔。之后的继任者有汉娜·麦克吉本（Hannah MacGibbon）、克莱尔·韦特·凯勒（Clare Waight Keller）以及娜塔莎·拉姆塞-莱维（Natasha Ramsay-Levi），在她们的带领下，蔻依保持着阿吉翁所创的独特风格。

时尚应当像沙拉一样透着新鲜气息。

——加比·阿吉翁
（Gaby Aghion）

麦克吉本担任蔻依品牌创意总监的时间不长，但在那段时间里，她设计出了我最喜欢的蔻依造型，既适宜穿着，又极为美观。在我眼中，蔻依就像一个梦幻中的法国女孩，她身着麦克吉本设计的2010年春夏高级成衣系列中那款仙气飘飘的白色褶裥分层曳地长裙，穿过巴黎中心的杜伊勒里花园，飘逸前行。

每当我来到花神咖啡馆，小口品着欧蕾咖啡，脑海中总会浮现出蔻依首秀的场景。花神咖啡馆是我在巴黎最爱的几个去处之一，这里不仅有着美味的咖啡和点心，还有着厚重的时装历史与底蕴。蔻依的设计师们能够一直特立独行，不为常规束缚、坚守初心，保持着创始人加比·阿吉翁所创的"酷女孩"风格，是我极为欣赏的。蔻依，让灵魂自由的女性坚持自我，拥有自信！

109

Chloé

Chloé

Chloé

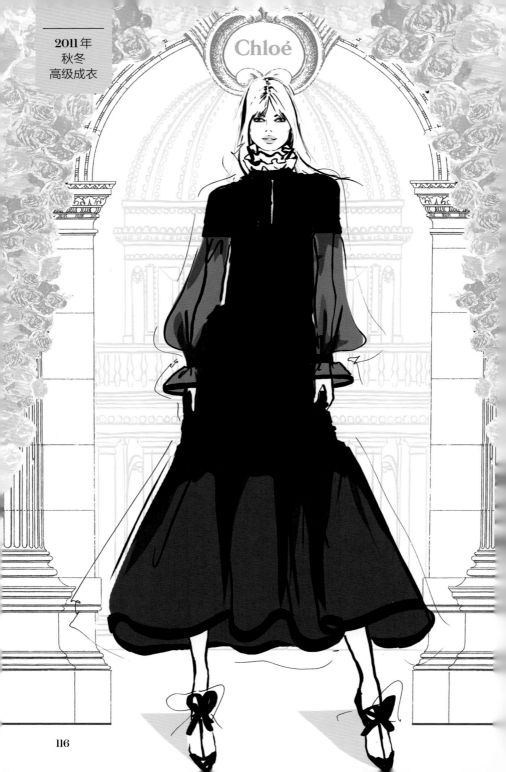

Chloé

Chloé

117

2013年
春夏
高级成衣

Chloé

07

巴尔曼

BALMAIN

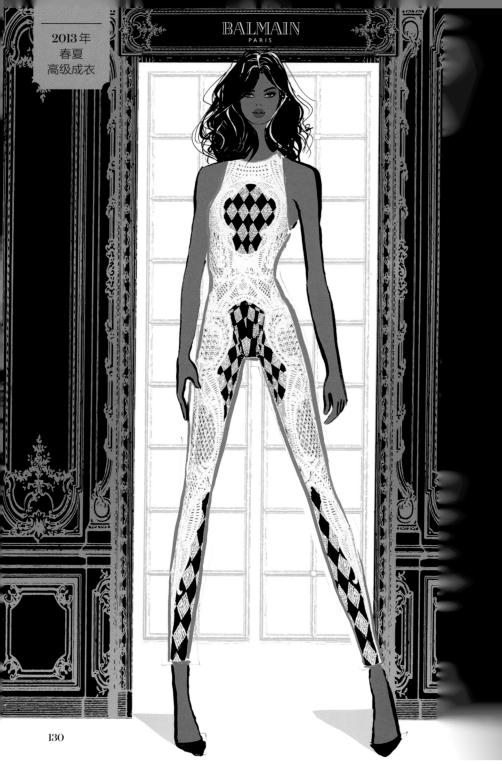

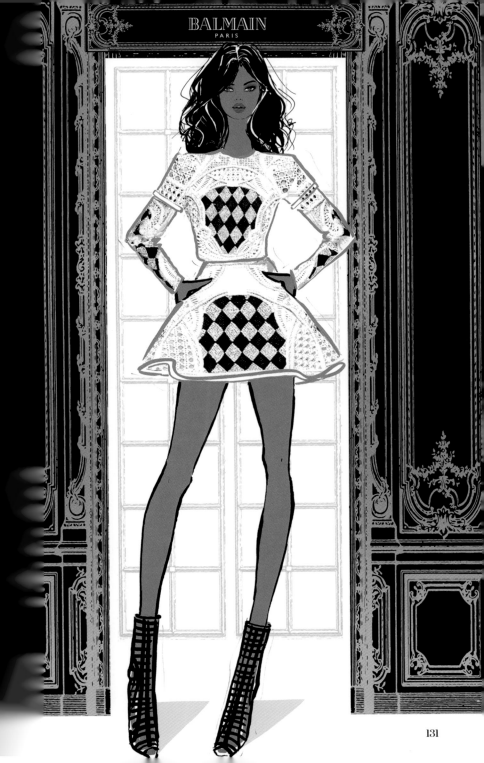

08

路易威登

LOUIS VUITTON

LOUIS VUITTON

153

LOUIS VUITTON

155

157

09

爱马仕

HERMÈS

鲜有家族品牌能够延续几代人依然引领着行业风向。而爱马仕，这个法国最古老的家族品牌之一，已经走过了近二百个春秋。爱马仕也是我最喜爱的法国品牌之一，无论是漂亮的印花丝巾，还是令人垂涎的手工缝制的柏金包（Birkin bag），它们都以极致的优雅占据着行业顶级的位置。

只需看看爱马仕那著名商标标识上的马拉车的图案，就可以猜出品牌最初的业务与什么有关了。"爱马仕王朝"由蒂埃里·爱马仕（Thierry Hermès）于1837年建立，他在巴黎的林荫大道开设了一家马具专卖店，制作马鞍和马笼头等，并很快吸引了一批上流社会人士成为他的忠实粉丝。1867年，他凭借自己优质的作品在巴黎世界博览会上斩获一级荣誉奖项。1878年，蒂埃里去世之后，其子夏尔-埃米尔·爱马仕（Charles-Émile Hermès）继承家业。

夏尔-埃米尔扩大了业务范围，引入了皮革配饰，并把总店迁往离贵族更近的地段，让爱马仕走出法国，走向欧洲。他还推

爱马仕最大的优势，莫过于对精湛工艺的热爱。

——阿克塞尔·迪马
（Axel Dumas）

出了品牌标志性产品——丝巾。时至今日，拥有一条爱马仕丝巾是很多女性的梦想。20世纪，夏尔-埃米尔把接力棒传给了儿子埃米尔-莫里斯（Émile-Maurice），埃米尔-莫里斯将业务扩展至手提袋、旅行袋等领域，始终保持着法国人的浪漫与艺术格调。

埃米尔-莫里斯还将业务范围从马具转向奢华时尚品，见证并经历了爱马仕品牌生死存亡的时期。他在父亲设计的马鞍包身上得到灵感，为妻子设计了爱马仕手袋。

埃米尔-莫里斯与自己的祖父与父亲一样，极具商业头脑。他去北美旅行时见到了亨利·福特（Henry Ford）并参观了福特的汽车工厂。通过此行，他不仅受到商业启发，扩大了自己的业务范围，还有了一项极为重要的发现——拉锁。在福特工厂看到安装在车顶的拉锁后，他马上联系并取得了这种新型紧固件的欧洲独家使用权，为期两年。埃米尔-莫里斯将拉锁安装到爱马仕的马具和包上，这也是拉锁首次出现在时尚界。

很快，拉锁就风靡欧洲，被称为"爱马

仕紧固件"，连温莎公爵（Duke of Windsor）都请埃米尔为自己设计带有拉锁的高尔夫夹克，可可·香奈儿（Coco Chanel）甚至亲自到访爱马仕的工作室，考察拉锁的工作原理。

在埃米尔－莫里斯执掌品牌期间，爱马仕还拥有了标志性颜色——爱马仕橙。选择这个颜色最初实为无奈之举，品牌原本一直使用的奶油色的包装盒在第二次世界大战后由于物资短缺而供应不足，所以只能选用可以拿到的颜色。现在，这个独特的橙色包装已成为奢侈时尚的代名词，也让人一眼就明白，其内的物品一定是漂亮又精致。

1978年，爱马仕的第五代掌门人让－路易·迪马（Jean-Louis Dumas）让品牌的影响力更上一层楼。一次偶然的机会，让－路易在飞机上邂逅了女星简·柏金（Jane Birkin）。通过交流，让－路易设计出了最令人垂涎的爱马仕包包——柏金包。每一只柏金包都是由法国工匠手工打造，并配有出品年份，顾客想买一只柏金包通常要等五年的时间。众所周知，柏金包比股票和黄金更有投资价值。

爱马仕的配饰都有其独特的生命力。1930年，一款跟柏金包一样出名的手袋——凯莉包（Kelly bag）面世。1956年，摩纳哥王妃格雷丝·凯莉（Grace Kelly）用这款包遮住自己的孕肚的照片登上《生活》（*Life*）杂志，这款包由此走红。

爱马仕丝巾也是爱马仕的著名单品。它首次亮相于1937年，由中国产的生丝纺成的纱制成。格雷丝·凯莉、奥黛丽·赫本（Audrey Hepburn）以及杰姬·奥纳西斯（Jackie Onassis）等名人都是爱马仕丝巾收藏家。据说，现在每20秒就有一条爱马仕丝巾售出，品牌已拥有数千款令人惊叹的丝巾。

虽然我没法每20秒就去买一条爱马仕丝巾，但我也是个狂热的爱马仕丝巾收藏者。我最珍爱的一条爱马仕丝巾是我女儿在她四岁那年送给我的母亲节礼物。她知道我喜欢收藏爱马仕丝巾，便特地央求她爸爸给我买一条。我先生没法拒绝她如此贴心的请求，便带她去了墨尔本柯林斯大街上的爱马仕专卖店挑选。小小的她根本不知道这是家多好的店，就那样站在柜台里，从所有的丝巾里寻找着自己想要的那一条。爱马仕的员工也非常有耐心，纵容她肆意挑选。最后，她挑中了一条设计非常精美的丝巾。每次戴上这条丝巾，我都满怀自豪。

自20世纪90年代末以来，掌舵爱马仕设计的大师有马丁·马吉拉（Martin Margiela）、让·保罗·戈尔捷（Jean Paul Gaultier）和克里斯托夫·勒迈尔（Christophe Lemaire）等，他们精致奢华的设计在国际上引发了极大的反响。

在我看来，爱马仕的特有风格体现在它的骑马裤、靴子和剪裁合体的运动夹克上，当然还有丝巾和标志性皮革手袋。戈尔捷在2008年春夏高级成衣系列中设计的一款手袋是我最喜欢的作品之一。在2011年春夏高级成衣系列中，戈尔捷为模特们穿上了的骑马裤，配上了迷你马鞍包。在品牌诞生近二百年后的今天，设计师依然能够体现马术精神，这一点令我极为欣赏。

2014年，品牌在嘉莲维雅·凡芮-齐布尔斯基（Nadège Vanhee-Cybulski）的带领下，继续发扬着爱马仕的马术精神，出品了许多符合时尚潮流的时装。嘉莲维雅在2017年秋冬高级成衣系列中推出的主打作品是蓝色皮革骑马裤和复古色彩的丝绸时装，非常吸精。当可以拥有一条爱马仕真丝长裙时，谁还会只选择一条丝巾呢？

在时尚品牌来去匆匆的世界里，还有爱马仕这样的传统品牌，无疑是令人欣慰的。爱马仕从不会为追求潮流而粗制滥造，相反，它坚持慢工出细活，品牌的大部分包包都是在法国手工制作的——过程虽然缓慢，但好东西值得等待。我知道，不只是丝巾和包包，任何一件爱马仕的商品都可以成为传家珍宝。幸运的话，它们应该也能传至几代人。

出席任何重要场合时，我都会带上那款我最爱的黑色爱马仕包包。在我看来，出席重要场合不带那款包包，无异于出门裸奔。嗯，差不多的感觉。

——格雷丝·凯莉
（Grace Kelly）

171

2011年
春夏
高级成衣

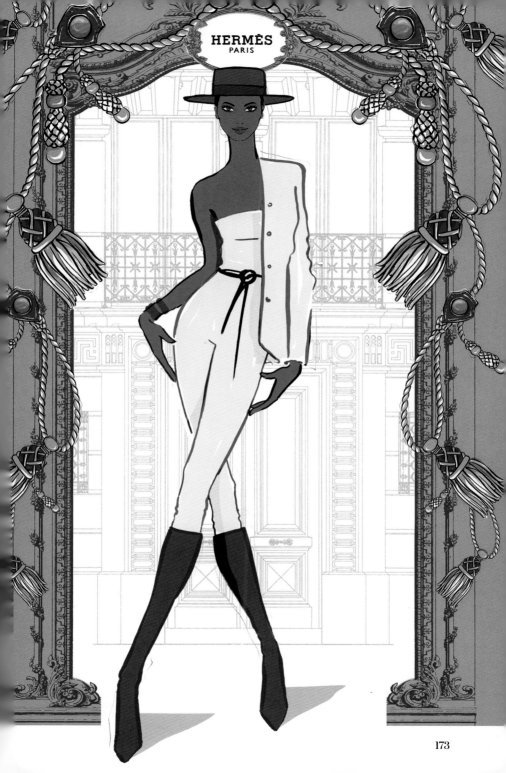

HERMÈS
PARIS

173

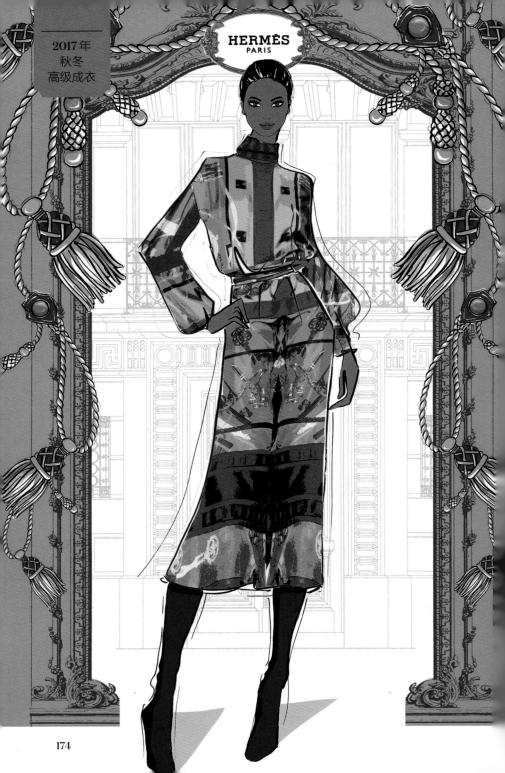

HERMÈS
PARIS

175

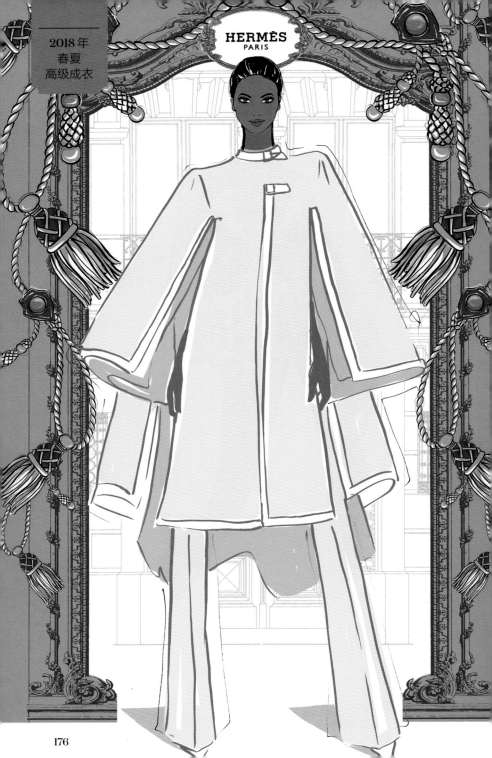

HERMÈS
PARIS

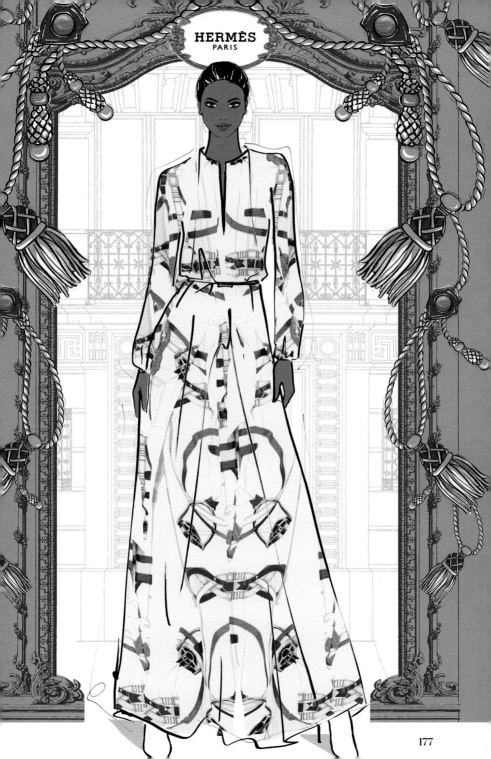

177

10

赛琳

CELINE

法国时装常与高级定制文化联系在一起，它风格多样、层次分明、注重细节。在众多品牌中，赛琳（Celine）显得有些特立独行，它的极简风格非常适合日常穿搭。在我看来，法国时装能形成如今特有的风格，便有赛琳的贡献。赛琳为现代法国女性的日常着装奠定了基调，也是国际公认的简约时尚先驱。

赛琳的这种极简风格形成于赛琳的创始人赛琳·薇琵娜（Céline Vipiana）时期。1945年，薇琵娜与丈夫理查德（Richard）创办了赛琳。品牌创建伊始，主要产品并非我们今天所知的女性时装，而是定制童鞋。夫妻二人共同负责设计、定制、售卖。他们在巴黎开设了第一家精品店，并迅速吸引了一批忠实的顾客。此后，他们陆续推出女鞋与女包，并保持了舒适的感觉与超凡的品质。

直至20世纪60年代，薇琵娜才改变设计方向，将女性时装作为主打产品。彼时，世界正步入和平时代，时尚也随之发展起来。这一时期，女性的裙子逐渐变短，服饰不再紧身。在经历了20世纪50年代的"新造型"（New Look）之后，女性逐渐想要摆脱束腰、紧身的设计，她们向往舒适、新潮而又适合自己的服装。薇琵娜对此了然于心，开始设计能够反映新时代需求的服饰。

薇琵娜希望走现代极简路线，她认为，女性最好能够买一些质量上乘、款式经典的服装，一件衣服可以穿着多年，而不是只为追求时髦，将衣服买回来挂在衣橱里不久就不喜欢了。她也更倾向于设计那种适合日常穿搭的服装，而不是只在特殊场合才能穿着的服装。她设计了一系列高级运动装，配以皮革手套、乐福鞋和手袋，非常适合女性日常穿着。服装颜色也以米色、棕色、奶油色和灰色等中性颜色为主。显然，在今天，赛琳的主打色依然没有改变，也没有显得过时。

因服饰既实用又时尚感十足，赛琳品牌声名鹊起。直至今日，品牌之初的很多时装仍然很流行，后来的很多时装也都是在当时的时装基础上进行的改良，如羊毛裙套装、皮质背心、浅色牛仔服以及双排扣大衣等。

薇琵娜生前一直担任赛琳品牌的设计总监并影响着法国时装行业。薇琵娜去世后的继任者中，迈克尔·科尔斯（Michael Kors）和菲比·菲洛（Phoebe Philo）较为有名。感谢后来的几位继任者所付出的努力，让赛琳的影响力得以经久不消。菲洛于2008年接任赛琳的创意总监，成为"现代女性时装教母"，创造了赛琳的"辉煌十年"。她懂得薇琵娜提倡的简约时尚的精髓，并沿袭这一风格，致力于为法国精英阶层打造优雅时髦的服饰，而赛琳的品牌定位也与她云淡风轻的风格十分契合。

菲洛对颜色的偏好也与薇琵娜非常一致，她爱用白色、米色、浅蓝色、焦糖色、黑色等中性色来搭配活泼又时尚的剪裁。在她的手下，服装就像折纸艺术一样有趣又多变。在出自菲洛之手的设计中，有一款我非常喜欢的造型，它是2018年春夏高级成衣系列中的一件轻盈飘逸的风衣。当模特穿着这件风衣，里面搭着一条连体裤走上T台时，我真的被深深地吸引到了。这套造型极为简单，但适合一天中的各种场合，从早上外出买面包，到晚上去高级餐厅用餐。这是法国女孩的基本搭配，会让你在看到它的那刻就想要马上把这件衣服从模特身上取下来，为自己穿上。

菲洛追随着薇琵娜的脚步，助力赛琳成为女性日常高档服装的首选品牌。每个女性都应当投资几套像样的行头，并搭配质量同样不错的鞋子和包包等配饰——这已经成为赛琳品牌的时尚信条。因此，菲洛与当时的皮具与配饰设计师约翰尼·科卡（Johnny Coca）一起推出了流行包包系列——"IT系列"，包括我们常说的秋千包（Trapeze）、笑脸包（Luggage）、风琴包（Cabas）及竖款手提包（Trio）等，将赛琳在皮具领域的地位提升至与路易威登及爱马仕等品牌比肩的高度。

菲洛也不曾忘记，赛琳最初起家的产品是童鞋。她在2015年春夏高级成衣系列中推出了一双至今都大名鼎鼎的奶奶鞋，将品牌精神传承并发扬得淋漓尽致。让我很欣赏的是，在那次的T台秀中，菲洛设计的每一身造型都让奶奶鞋熠熠生辉，其中就包括一条连体裤。那条极简风白色连体裤的一条裤腿上有一排黑色纽扣，并一直延伸到上身。对现代女性来说，连体裤是完美成衣，在任何场合穿着连体裤都可以让自己游刃有余，它是时尚与舒适的集大成者。

菲洛对赛琳的贡献更在T台之外。2015年的春季是品牌的高光时刻，不仅因为奶奶鞋，还因为菲洛请了当时已到耄耋之年的美国知名作家琼·迪迪翁（Joan Didion）代言。迪迪翁顶着自己标志性的波波头，带着超大号的赛琳太阳镜，宝刀未老，看起来一如既往的时髦，登上了世界各地的新闻与时尚杂志。

2018年，赫迪·斯理曼（Hedi Slimane）接手品牌，如同他当初执掌圣罗兰时一样，他再度改变品牌标志，留下了自己的印记。这一次，他去掉的是赛琳品牌中"e"上方的符号"ˊ"，将"Céline"改为"Celine"。

到了巴黎，如果没去过赛琳的旗舰店，那这趟巴黎之旅就是不完整的。在那里，你可以亲眼看见并预判出法国时装的时尚走向。赛琳品牌的实用主义审美是简约着装的缩影。它没有繁文缛节，以最微妙的方式极尽时尚潮流，让选择穿着赛琳的女性的内心充满力量。这种穿着方式无论在20世纪60年代，还是在今天，都一样生机勃勃。无论时代，无论年龄，尽显时尚，永恒优雅！

CELINE

CELINE

CELINE

CELINE

CELINE

CELINE

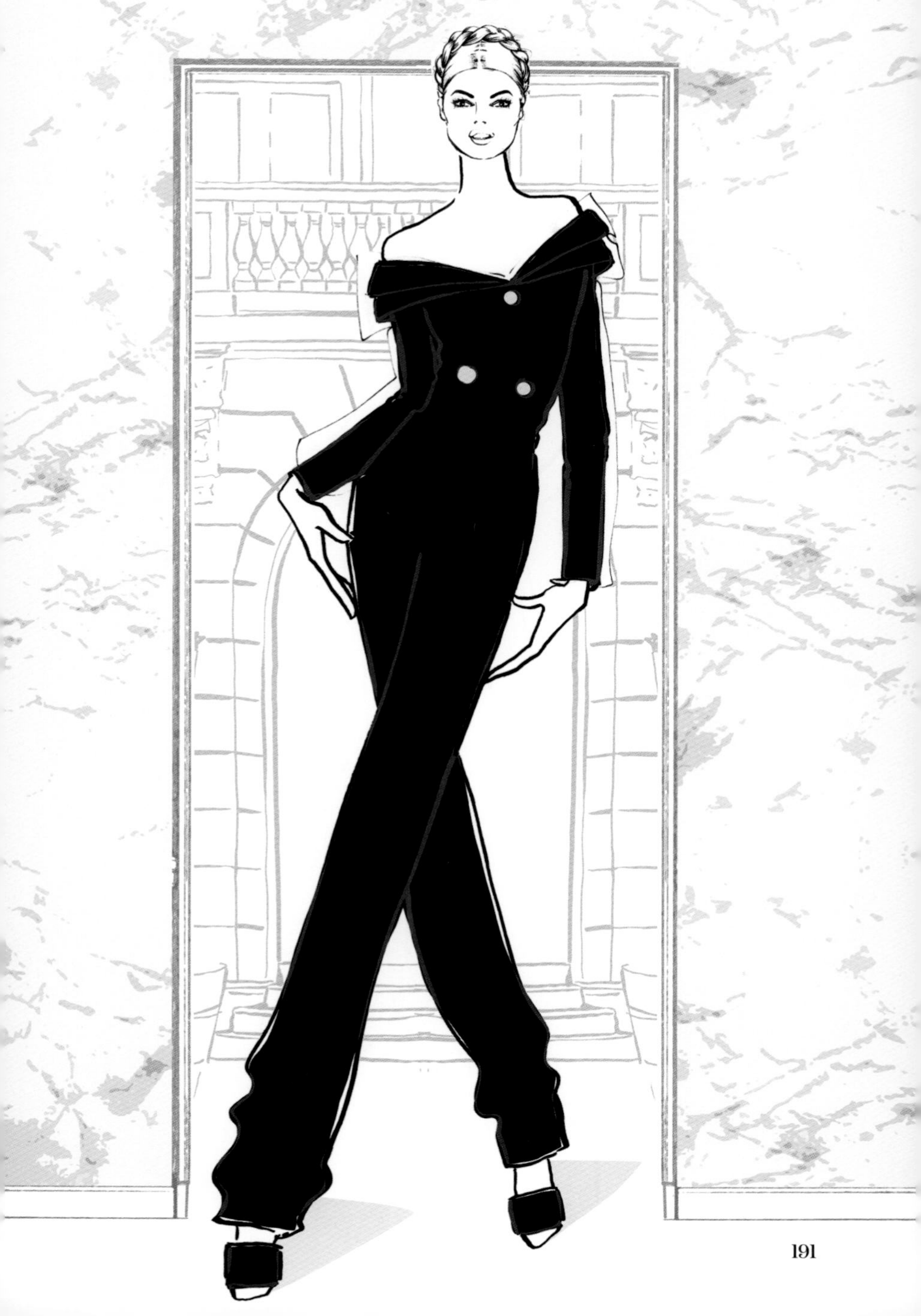

CELINE

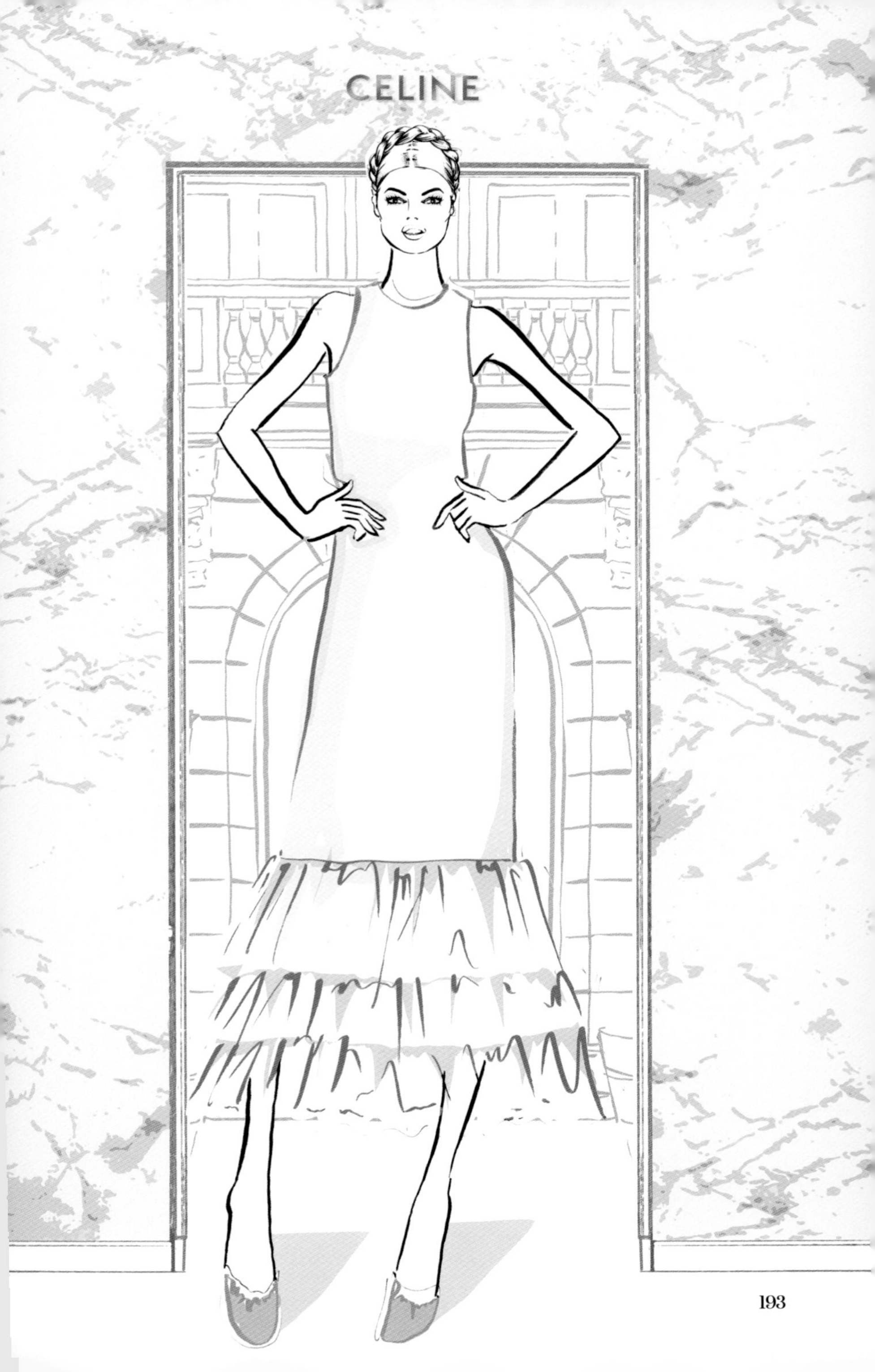
CELINE

CELINE

CELINE

195

作者简介

梅甘·赫斯（Megan Hess）注定与画结缘，她从平面设计起步，一步步成为世界领先设计品牌的艺术总监。2008年，赫斯为《纽约时报》（*New York Times*）的头号畅销书，坎达丝·布什内尔（Candace Bushnell）所著的《欲望都市》（*Sex and the City*）绘制了插图。此后，她又为迪奥（Dior）高级定制服饰系列、卡地亚（Cartier）和路易威登（Louis Vuitton）品牌绘制插图，还为米兰的普拉达（Prada）和芬迪（Fendi）做过动画，为纽约的波道夫·古德曼（Bergdorf Goodman）的橱窗画图，为伦敦的哈罗斯百货（Harrods）设计了胶囊包。

　　赫斯的作品还可以在全球限量版定制刊物以及家居用品上找到。香奈儿（Chanel）、迪奥、芬迪、蒂芙尼（Tiffany & Co.）、圣罗兰（Saint Laurent）、《Vogue服饰与美容》（*Vogue*）、《时尚芭莎》（*Harper's Bazaar*）、哈罗斯百货、卡地亚、巴尔曼（Balmain）、路易威登以及普拉达等都是她的客户。

　　她是七本畅销书的作者，也是欧特家顶级酒店（Oetker Masterpiece Hotel Collection）的全球常驻艺术家。如果她不在工作室里，那她就一定在巴黎，心怀着法国时装的梦想……

Megan Hess

197

致　谢

感谢阿文·萨默斯（Arwen Summers），感谢有你，你让我们合作的整个过程如此愉快。

感谢埃米莉·哈特（Emily Hart），你对法国时装的热爱深深地感染了我。

感谢马丁娜·格兰诺力克（Martina Granolic），你对精致、美丽之物如此敏锐，你对法国时装洞若观火，也心怀热爱。感谢有你，一次次陪伴我踏上这充满创意的旅程。

感谢利兹·麦吉（Liz McGee），感谢你一直鼓励我。

感谢莉萨·玛丽·科尔索（Lisa Marie Corso），每当我自以为对某位设计师无所不知时，你总能提供更多我不知道的信息。感谢你寻找并发现的每一个妙趣横生的小细节。

感谢默里·巴腾（Murray Batten）。你的才华令我惊讶，跟你合作，我从未失望过。

感谢贾斯廷·克莱（Justine Clay），感谢你一直以来对我的鼓励与支持，是你对我的信任支持我走到了今天。我将永远感谢你，我的幸运星，感恩我们的相遇。

感谢我的先生克雷格（Craig），以及我的两个宝贝格温（Gwyn）和威尔（Will），是你们让我有了足够的理由去热爱生活、拥抱生活。

添加"女神小管家"
和志同道合的朋友
交流分享时尚态度